www.ingramcontent.com/pod-product-compliance
Lightning Source LLC
Chambersburg PA
CBHW060601210526
45170CB00020BA/2808
*9781539974611*